BEI GRIN MACHT SICH IHR WISSEN BEZAHLT

- Wir veröffentlichen Ihre Hausarbeit,
  Bachelor- und Masterarbeit

- Ihr eigenes eBook und Buch -
  weltweit in allen wichtigen Shops

- Verdienen Sie an jedem Verkauf

Jetzt bei www.GRIN.com hochladen
und kostenlos publizieren

Heiko Lindner

Glacier Lake Outburst Floods

Beispiele aus dem Himalaya

GRIN Verlag

Impressum:

Copyright © 2012 GRIN Verlag GmbH
Druck und Bindung: Books on Demand GmbH, Norderstedt Germany
ISBN: 978-3-656-23518-7

Dieses Buch bei GRIN:

http://www.grin.com/de/e-book/197054/glacier-lake-outburst-floods

RWTH Aachen

Geographisches Institut

Hauptseminar Physische Geographie

Sommersemester 2012

Hausarbeit

30. März 2012

Glacier Lake Outburst Floods

Beispiele aus dem Himalaya

Heiko Lindner

Inhaltsverzeichnis

1 Einleitung

Der Himalaya weist mit seinen zahlreichen Gletschern das größte Eisvolumen der Erde außerhalb der Polarregionen auf. Auch an diesen Gletschern ist der Temperaturanstieg durch den globalen Wandel anhand ihres fortwährenden Zurückschreitens bzw. Abschmelzens deutlich bemerkbar.

Bedingt durch glazial-morphologische Prozesse können sich durch das Rückschreiten der Gletscher große Gletscherseen als natürliche Stauseen ausbilden. So können sich Schmelzwasservolumina in der Größenordnung von mehreren Millionen Kubikmetern anstauen.

Ausgelöst durch weitere, bestimmte Prozesse und Ereignisse können diese Wassermassen ausbrechen und in die Täler der Vorfluter fließen. Die plötzlich freigewordenen Wassermassen strömen dann mit hoher Energie durch die Flussbette und Täler und stellen somit eine große Gefahr für die dortige Bevölkerung dar.

Somit sind Gletscherseeausbrüche bzw. Glacier Lake Outburst Floods (GLOF) und deren Folgen ein Georisiko, das durch den Klimawandel verstärkt, und dadurch in Zukunft auch öfter auftreten wird.

In dieser Arbeit sollen nun einige Beispiele für GLOFs aus dem Himalaya gegeben werden - konkret aus Regionen Nepals, um den betrachteten Raum einzuschränken. Dabei werden nicht nur bereits geschehene Ereignisse (wie der Dig Tsho GLOF) aufgezeigt, sondern auch rezente, potentielle Gefahrenpunkte und z.T. Gegenmaßnahmen zur Gefahrenabwehr.

Im Folgenden soll nun auf die Entstehung solcher Gletscherseen und Gletschersee-Ausbrüche in ausgewählten Regionen des Himalayas eingegangen werden: von der Genese der Seen bis hin zum Ausbruchs-Event – auch vor dem Hintergrund des Klimawandels. Dabei werden konkrete Beispiele anhand potentiell gefährlicher Gletscherseen aus dem Nepal – Nare, Dig Tsho, Imja Tsho und Tsho Rolpa behandelt.

2 Glacial Lake Outburst Floods – Eine Hauptnaturgefahr im Himalaya

2.1 Genese von Gletscherrand- und Eisstauseen

Hochgebirge bringen wichtige Faktoren für die Bildung von natürlichen Dämmen mit sich: das Relief bzw. die Höhenlage sorgen für eine schnelle Gletscherbewegung, durch orographisch bedingte Stauniederschläge kann ständig Wasser zugeführt werden und durch steile, enge Täler bilden sich Kanäle mit resistenten Seitenwänden (Korup/Tweed 2007: 3408).

So können durch den ständigen Vorschub und anschließendem Rückzug der Gletscher leicht mächtige, jedoch instabile Endmoränenwälle geschüttet werden, die einen natürlichen Staudamm bilden (ebd.). Teilweise können diese Dämme Toteiskerne enthalten, die den Damm zunächst stabilisieren. Jedoch ist ein Endmoränenwall nicht zwingend für die Bildung eines Gletscherrandsees nötig. Auch Seitenmoränen können als Damm fungieren und hierdurch eine solche Gletscherseeentwicklung hervorrufen (ebd.).

Oftmals entstehen Gletscherseen aus kleinen bereits vorhandenen supraglazialen Seen bzw. wassergefüllten Becken (Bajracharya et al. 2007 338). Abbildung 1 gibt dazu einen Überblick über verschiedene natürliche Dämme im Gebirge.

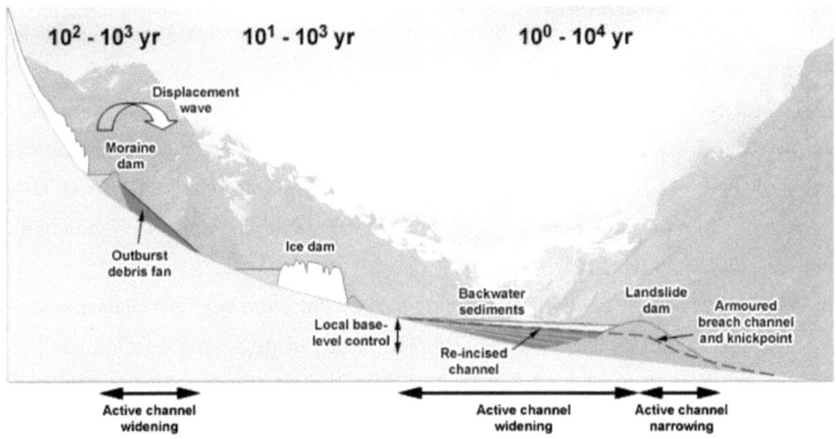

Abb. 1: Schematische Darstellung von natürlichen Dammformen in Gebirgen (Quelle: Korup/Tweed 2007: 3418)

Für die Genese von Gletscherseen kann generell davon ausgegangen werden, dass mit dem Rückzug eines Gletschers und dem dadurch freiwerdenden Moränenmaterial der Grundstein für einen Gletschersee gelegt wird (Bajracharya et al. 2006: 231). Durch weiteres Abschmelzen freigewordenes Wasser kann sich hier anstauen und so einen See entstehen lassen (ebd.).

Ähnlicher Natur sind durch Rutschmassen angestaute Seen. Diese sind nicht direkt an Gletscher gebunden, sogenannte landslide lake-burst floods sind jedoch mit dem Prozess des GLOF vergleichbar und können durch diese aktiviert werden (Korup/Tweed 2007: 3409).

Vorbereitend für solche Rutschungen - insbesondere Bergstürze - kann jedoch auch ein Gletscherrückgang sein; mit der typischen Übersteilung des Hanges und der Entfernung des hangstabilisierenden Widerlagers (ebd.).

Ein weiterer Typus natürlicher Staudämme sind Eisstauseen, wie sie in Abbildung 2 dargestellt sind. Dabei wird Schmelz- und Niederschlagswasser nicht durch eine Moräne gestaut, sondern durch die Gletscherzunge selbst (Richardson/Reynolds 2000: 34).

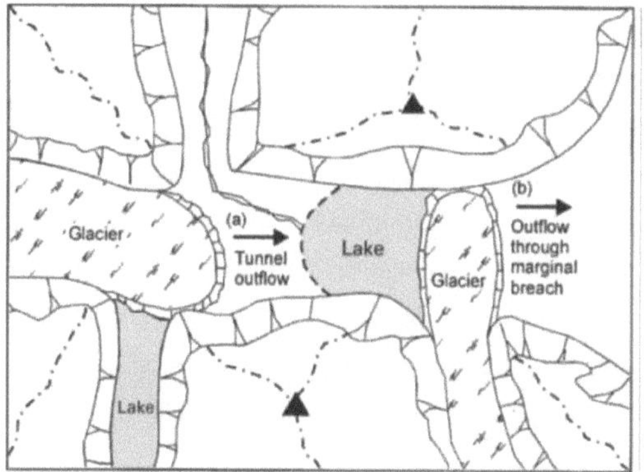

Abb. 2: Darstellung von Typen und Drainagemechanismen eisgestauter Seen (Quelle: Richardson/Reynolds 2000: 34).

Durch verschiedene Drainageformen, wie z.B. Flotation des Eises oder Erosion und Weitung vorhandener en- und subglazialer Kanäle und Tunnel, können solche eisgestaute Seen entwässert werden (ebd.). Eine solche ebenfalls teils plötzliche Entwässerung eines Sees kann dabei einen GLOF triggern, oder aber auch durch einen solchen ausgelöst werden (ebd.).

2.2 Glacial Lake Outburst Floods im Himalaya

Glacial Lake Outburst Floods (GLOF) sind lokale bis regionale Ereignisse mit katastrophalen Auswirkungen und stellen eine permanente Bedrohung für die dortige

Bevölkerung dar (Titz 2011: 59). Da z.B. in Nepal keine spezielle Statistik zu Opfer-
zahlen nach GLOF existieren, kann über die genaue Anzahl nur spekuliert werden.
Insgesamt gab es in Nepal jedoch von 1983 bis 2008 10283 Todesfälle durch Naturgefahren, davon 73% durch Überschwemmungen, Rutschungen und Murgänge, die
in der Statistik in einer Variablen zusammengefasst wurden (Titz 2011: 60). Dies
zeigt dennoch die große Verwundbarkeit gegenüber Naturgefahren und insbesondere GLOF.

GLOF sind plötzliche, massive Überflutungen, die durch Ausbrüche von Gletscher-
rand- und Eisstauseen ausgelöst werden. Solche Gletschersee-Ausbrüche sind natürliche Brüche von glazialen Dämmen im Hochgebirge (Richardson/Reynolds 2000:
33 f., Korup/Tweed 2007: 3407), welche aus Eis und/oder Moränenmaterial bestehen
können und gigantische Mengen zuvor gestauten Schmelz- und Niederschlagswas-
sers freigeben (Richardson/Reynolds 2000: 34).
Insbesondere proglaziale Seen, die durch Seiten- und Endmoränendämme entstanden sind, gelten als verantwortlich für katastrophale Überflutungen und der eigentli-
chen, typischen Glacial Lake Outburst Flood – der für solche Ereignisse im Himalaya
übliche Terminus (ebd.). GLOF resultieren in der Regel aus der Überflutung des Moränendamms mit anschließender Erosion des Damms. Dabei ist der hydrostatische
Druck des Wassers größer als der eindämmende lithostatische Druck der Moräne
(ebd.). Auslöser können dabei sowohl eine Flutwelle bzw. Tsunami – wiederrum ausgelöst durch ein Lawine, einen Fels-/ Bergsturz oder einen Gletscherabbruch in den
See – sein, wie auch das Abschmelzen von Toteis im Damm und der damit ausge-
lösten Destabilisierung des Moränendammes (ebd.).
Abbildung 3 zeigt in diesem Kontext einen beispielhaften Gletschersee mit typischen
Risikofaktoren und Auslösemechanismen für einen GLOF.
Im Himalaya gelten GLOF als größte Naturgefahren und gehören zu den dominie-
renden talformenden Prozessen hervorgerufen durch die Ablation der Gletscher
(Richardson/Reynolds 2000: 35). Dabei können Wassermassen von bis zu
50×10^6 m³ mit maximalen Abflussraten von 30000 m³/s plötzlich abfließen (ebd.).
Abbildung 4 gibt dazu eine (charakteristische) Abflussganglinie des Luggye Tscho
GLOF, 100 km von seiner Quelle entfernt, wieder. Die Art und das Volumen des Ab-
flusses sowie des mitgeführten Sediments hängen dabei vom Volumen des Sees,
der Höhe, der Breite und der Zusammensetzung des Damms ab. Ebenso spielen

Vegetation und die Sedimentverfügbarkeit im Moränendamm sowie im Tal flussabwärts eine Rolle (Richardson/ Reynolds 2000: 39).

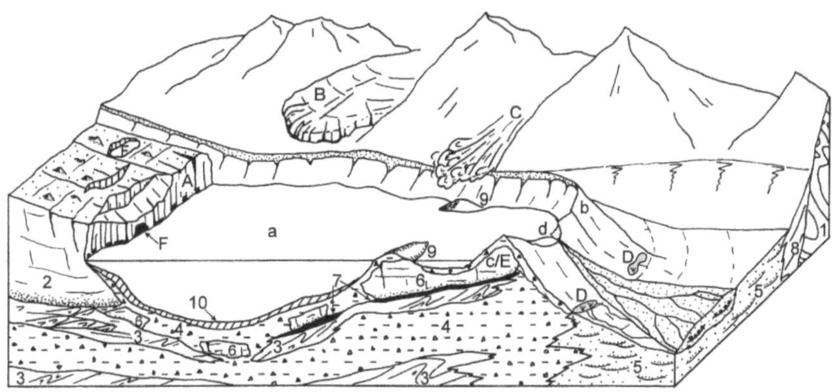

Abb. 3: Schema eines potentiell gefährlichen Gletschersees – die wichtigsten Erläuterungen:
(1) bis (10) geologische Abfolgen, u.a. (2) der rückschreitende Gletscher und (6) Toteis. Risiko-
faktoren: (a) Seevolumen, (b) schmaler und hoher Damm, (c) im Moränendamm befindliches
Toteis, (d) geringer Freibord zw. Pegel und Dammkrone. Auslösende Prozesse (A) kalbende
Gletscher, (B) hängende Gletscher, (C) Massenbewegungen, (D) Drainage/Unterströmen des
Damms, (E) Abschmelzen des Toteiskerns und (F) plötzlicher, starker Zufluss aus oberliegen-
den Seen (z. B. subglazial) (Quelle: Richardson/Reynolds 2000: 39).

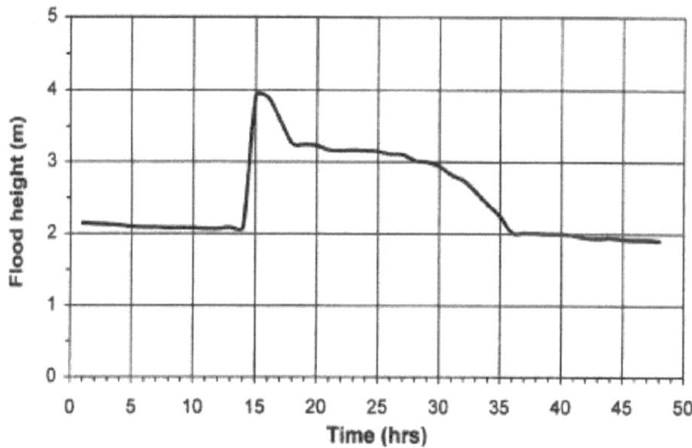

Abb. 4: Beispiel für einen charakteristische Abflussgangline eines GLOF: Luggye Tsho Ereig-
nis 1994 - 100 km vom Gletschersee entfernt (Quelle: Richardson & Reynolds 2000: 40).

6

Die aus einem GLOF resultierende zerstörerische Flutwelle ähnelt dabei einer Mure: Sediment und Vegetation werden mitgerissen und bewegen sich ähnlich eines Murkopfes Flussabwärts (Richardson/ Reynolds 2000: 40).

Augenzeugenberichten zum Dig Tsho Ereignis 1985 nach, wird die Front eines herannahenden GLOF, als eine sich eher langsam talabwärts bewegende schwarze Wassermasse mit großen Anteilen an Geröllen beschrieben. Ferner wurden große Blöcke und Bäume mitgeschleift; einige der Bäume wurden in aufrechter Position transportiert oder herumgeschleudert. Das entstandene Geräusch ähnelte dabei dem Anflug vieler Helikopter (Ives 1986: 27).

Anhand dieser mitgeführten und anschließend abgelagerten Sedimente lassen sich auch weiter zurückliegende GLOF-Ereignisse dokumentieren (Richardson/ Reynolds 2000: 40). Etwa im Jahre 1555 ereignete sich so ein GLOF im Seti Khola River Basin (Nepal) bei dem 450 km² des Pokhara Basins mit einer Sedimentschicht von bis zu 50-60 m Mächtigkeit überdeckt wurden (Richardson/Reynolds 2000: 35). Daran lassen sich sowohl die Ausmaße sowie die freigesetzte Energie eines GLOF festmachen.

Ferner ist durch dieses Ereignis ersichtlich und vorstellbar, dass durch die Ablagerung der durch den GLOF mitgeführten Sedimentfracht auch wichtige Ackerflächen unbrauchbar bzw. zerstört werden, was einen weiteren immensen Schaden und somit einen schwerwiegenden sozio-ökonomischen Impakt darstellt.

Im Himalaya bzw. genauer in Nepal, Tibet, China und Bhutan, wurden bislang 32 GLOF Ereignisse registriert (Bajracharya et al. 2008: 28). 24 hatten Auswirkungen in Nepal und 14 wurden auf nepalesischem Territorium ausgelöst und hatten unterschiedliche Folgen (vgl. Tab. 1)(ICIMOD 2011: 9). Aus Abbildung 5 werden die Entstehungsorte der GLOF ersichtlich. Die Zahlen- und Buchstabenkombinationen sind mit denen der Tabelle 1 kompatibel.

Tab. 1: GLOF mit Auswirkungen in Nepal (eig. Darstellung, verändert nach ICIMOD 2011: 10).

Enstehung in Nepal					
	Datum	Einzugsgebiet	Gletschersee	Auslöser	Schäden u.a.
1N	ca. 1555	Seti Khola	Machhapuchchhre	Moränenbruch	Pokhara-Tal von 50-60 m Schutt bedeckt
2N	03.09.1977	Dudh Koshi	Nare	Moränenbruch	Tote, Brücken, Sonstige
3N	23.06.1980	Tamor	Nagma Pokhari	Moränenbruch	Dörfer 70 km vom See entfernt zerstört
4N	04.08.1985	Dudh Koshi	Dig Tsho	Eislawine	Tote, Wasserkraftwerk, 14 Brücken usw.
5N	12.07.1991	Tama Koshi	Chubung	Moränenbruch	Häuser, Ackerland usw.
6N	03.09.1998	Dudh Koshi	Tam Pokhari	Eislawine	Tote und Schäden i. H.v. 156millionen US$
7N	15.08.2003	Madi River	Kabache Lake	Moränenbruch	Unbekannt
8N	08.08.2004	Madi River	Kabache Lake	Moränenbruch	Unbekannt
9N	unbekannt	Arun	Barun Khola	Moränenbruch	Unbekannt
10N	unbekannt	Arun	Barun Khola	Moränenbruch	Unbekannt
11N	unbekannt	Dudh Koshi	Chokarma Cho	Moränenbruch	Unbekannt
12N	unbekannt	Kali Gandaki	Unbenannt (Mustang)	Moränenbruch	Unbekannt
13N	unbekannt	Kali Gandaki	Unbenannt (Mustang)	Moränenbruch	Unbekannt
14N	unbekannt	Mugu Karnali	Unbenannt (Mugu Karnali)	Moränenbruch	Unbekannt
Entstehung in Tibet oder China mit Aswirkungen in Nepal					
1C	01.08.1935	Sun Koshi	Tara-Cho	Piping	66700 m² Weizenfelder zerstört, Haustiere getötet
2C	25.08.1964	Trishuli	Longda	Unbekannt	Unbekannt
3C	21.09.1964	Arun	Gelhaipuco	Gletscherflut	Highway und 12 LKW zerstört
4C	1964	Sun Koshi	Zhangzangbo	Piping	keine bedeutenden Schäden
5C	1968	Arun	Ayaco	Unbekannt	Wege und Brücken zerstört
6C	1969	Arun	Ayaco	Unbekannt	Unbekannt
7C	1970	Arun	Ayaco	Unbekannt	Unbekannt
8C	11.07.1981	Sun Koshi	Zhangzangbo	Eislawine	Wasserkraftwerk
9C	27.08.1982	Arun	Jinco	Gletscherflut	Haustiere, Ackerland
10C	06.06.1995	Trishuli	Zanaco	Unbekannt	Unbekannt

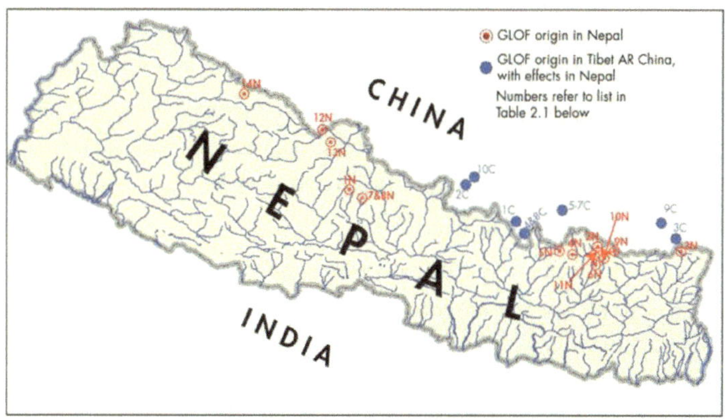

Abb. 5: Entstehungsorte von GLOF mit Auswirkungen in Nepal (Quelle: ICIMOD 2011: 10).

3 Nepal – der betrachtete Raum

Aufgrund der Ausdehnung des betrachteten Raumes - des Himalayas - bietet es sich an, nur eine bestimmte Region näher zu betrachten: das Gebiet des Königreichs Nepal. Hier und insbesondere in der dortigen Region Sagarmatha, befindet sich eine große Anzahl an Gletschern (Sagarmatha besitzt die wohlmöglich größte Anzahl an Gletschern in Nepal) (Bajracharya et al. 2007: 336) und damit auch an Gletscherseen. Darunter befinden sich mit den Seen Dig Tsho, Imja Tsho (jeweils in Sagarmatha) und Tsho Rolpa einige als potentiell gefährlich einzustufende Seen. Dig Tsho war 1985 bereits für einen katastrophalen GLOF verantwortlich (Ives 1986: 26, Mool et al. 2001: 1, Bajracharya et al. 2007: 336).

Der nepalesische Himalaya erstreckt sich über 147181 km² mit einer Längsausdehnung von über 800 km und einer durchschnittlichen Breite von 150 km (Mool et al. 2001: 5). Die Höhe des Geländes variiert von 100 m a.s.l. bis hin zu 8848 m a.s.l. 14,7% des Landes befinden sich in einer Höhe über 4500 m a.s.l. (ebd.). Damit wird deutlich, wie groß die Höhenunterschiede dort sein können und dass das Relief durchaus sehr steil sein kann, was wiederum Auswirkungen auf das Abflussverhalten und die potentielle Energie eines GLOF hat.

3.1 Gletscher in Nepal

3,6% des Landes sind von Gletschern bzw. Eis bedeckt (Mool et al. 2001: 10). Insgesamt befinden sich auf dem Territorium Nepals 3252 Gletscher mit einer Gesamtfläche von 5323 km² und einem Gesamtvolumen von 481 km³ (Mool et al. 2001: 13). Da die Gletscher bzw. deren Schmelzwässer verschiedenen größeren Flusssystemen tributär sind, können die Gletscher auf vier Flusseinzugsgebiete aufgeteilt werden: Koshi River Basin, Gandaki River Basin, Karnali River Basin und Mahakali River Basin. Dabei entfallen alleine 779 Gletscher auf das 1409,84 km² große Koshi River Basin. Einen Überblick über die Verteilung des Eises und dessen Volumen auf die jeweiligen Einzugsgebiete gibt Tabelle 2.

Tab. 2: Verteilung der Gletscher und -volumina sowie Gletscherseen auf die vier Einzugsgebiete (eig. Darstellung nach Mool et al. 2001: 13)

Einzugsgebiet	Koshi River Basin	Gandaki River Basin	Karnali River Basin	Mahakali River Basin
Fläche Einzugsgebiet [km²]	1409,84	2030,15	1740,22	143,23
Anzahl Gletscher	779	1025	1361	87
Gletschervolumen [km³]	152,06	191,39	127,72	10,06
Gletscherseen	1062	338	907	16

3.2 Gletscher und Gletschersseen in der Sagarmatha Region

Die Sagarmatha Region im Nordosten Nepals (Abb. 6) ist mit den Flüssen Dudh Koshi und, diesem untergeordnet, dem Bhote Koshi, Teil des Koshi River Basins (Mool et al. 2001: 15).

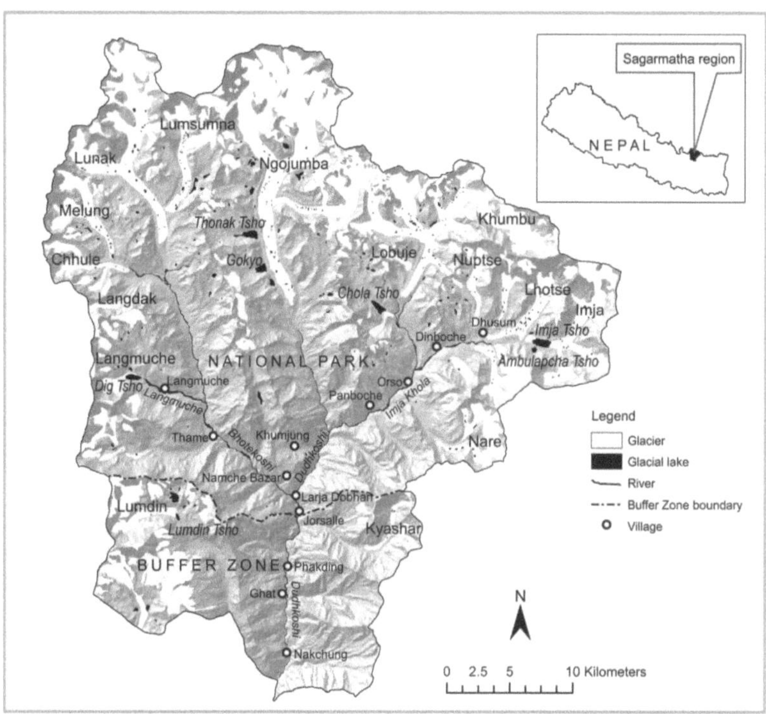

Abb. 6: Gletscher und Gletscherseen in der Sagarmatha Region (Quelle: Bajracharya et al. 2007: 337).

In diesem Einzugsgebiet befinden sich 194 Gletscher mit einer Gesamtfläche von 379,25 km² und einem Volumen von 43,33 km³. Bhote Koshi, Ngojumba und Khumbu sind dabei die größten Gletscher (Bajracharya et al. 2007: 336).

Durch diese 194 Gletscher entstanden - mit einer Gesamtfläche von 8,34 km² - 377 Gletscherseen. Drei dieser Seen gelten als potentielle Gefahrenpunkte nämlich: Imja Tsho, Dig Tsho und Lumdin Tsho. Dig Tsho brach bereits am 4. August 1985 aus und gilt weiterhin als gefährlich (ebd.).

4 Beispiele für Glacier Lake Outburst Floods und potentiell gefährliche Gletscherseen in Nepal

4.1 Der GLOF am Nare Gletscher vom 3. September 1977

Am 3. September 1977 ereignete sich ein kleinerer Gletscherseeausbruch des Sees Nare unterhalb des gleichnamigen Gletschers (Abb. 6) (Cenderelli/Wohl 2001: 61). Dabei entluden sich mehrere kleinere Gletscherseen kaskadenartig, nachdem durch das Abschmelzen von Eiskernen die Moränendämme der Gletscherseen destabilisiert wurden und kollabierten (ebd.). Das Volumen der Seen wurde auf insgesamt 500000 m³ Wasser geschätzt (ebd.).

Die daraus resultierende Flutwelle ergoss sich über sechs Stunden lang in die Täler der Flüsse Nare Khola, Imja Khola und Dudh Koshi. Dabei erreichte sie einen über eine Stunde lang anhaltenden Spitzenabfluss von geschätzten 800 m³/s in 90 km Entfernung (ebd.).

Die Flutwelle sorgte für starke Erosion entlang der Flusstäler bis in 35 km Entfernung von der Ausbruchsstelle. Dadurch wurde nicht nur Infrastruktur wie einige Brücken und Wege zerstört, sondern auch zahlreiche steile Hänge unterschnitten und somit destabilisiert (ebd.), wodurch weitere Gefahrenstellen geschaffen wurden.

Erosion fand dabei überwiegend im Bereich der steilen und engen Täler statt (Cenderelli/Wohl 2001: 63). Dort, wo sich die Täler öffneten bzw. weiter wurden fand eher Sedimentation statt, wodurch beispielsweise Felder zerstört wurden (ebd.).

4.2 Der Gletschersee Dig Tsho und sein Ausbruch vom 4. August 1985

Der relativ kleine Gletschersee Dig Tsho befindet sich im Westen der Region Sagarmatha auf 4365 m Höhe in einem Seitental des Bhote Koshi Valleys (Abb. 6). Der See wird durch den Langmuche-Gletscher gespeist, der sich an der Nordostseite des Tangri Ragi Tau (6940 m) befindet und in rund 5400 m Höhe beginnt (Bajracharya et al. 2007: 337).

Die Gletscherzunge ist stark der Sonne exponiert, wodurch sie in den letzten Jahrzenten stark abgeschmolzen und zurückgewichen ist (ebd.). Mit dem Rückzug des Gletschers und dem Abschmelzen des Eises wurde Wasser freigesetzt, das zum Dig

Tsho aufgestaut wurde. Eine Endmoräne des Gletschers verhinderte dabei den un-
gestörten Abfluss in den Fluss Bhote Koshi (ebd.).

Betrug die Fläche des Sees 1962 ca. 0,2 km², vergrößerte sich seine Oberfläche bis
1983 auf ca. 0,6 km² (s.a. Abb. 7). Ives (1986: 26) gibt die Oberfläche des Sees vor
dem GLOF-Event mit 1000 x 400 m und einer Tiefe 20 - 25 m an – der Inhalt betrug
demnach 6 - 10 x 10^6. m³ Wasser. Vor seinem Ausbruch soll der Wasserstand des
Sees bordvoll gewesen sein. Die niedrigste Höhe der Endmoräne betrug vor ihrem
Bruch ca. 60 m. Wie für Moränendämme typisch ist die mit Wasser in Kontakt ste-
hende Innenseite der Moräne – im Gegensatz zur Außenseite – nicht bewachsen
und dadurch instabiler. Der Abfluss des Sees geschah vermutlich durch die oben
genannte tiefste Stelle des Moränendamms (Ives 1986: 26, Bajracharya et al. 2007:
337).

Seit dem Ausbruch 1985 staute sich der See erneut an. Fernerkundungsdaten aus
1992 und 2000 zeigten jedoch, dass sich der See bei einer Flächenausdehnung von
etwa 0,35 km² stabilisiert hat (Bajracharya et al. 2007: 337). Durch den Ausbruch von
1985 wurde der Auslauf stark vergrößert und befindet sich nun im Bereich der Tal-
sohle, sodass das Wasser heute nahezu ungehindert abfließen kann (Bajracharya et
al. 2007: 338).

Der Ausbruch geschah am 4. August 1985, als sich der Dig Tsho plötzlich entleerte,
nachdem der Gletscher in den See kalbte und somit große Eis- und Felsmassen in
den See stürzten (Ives 1986: 26, Richardson/Reynolds 2000: 35, ICIMOD 2011: 4).
Der dadurch generierte rund fünf Meter hohe Tsunami überflutete den Moränendamm und ließ ihn brechen. 6 - 10 x 10^6 m³ Wasser ergossen sich innerhalb von
vier Stunden in das unterliegende Tal (Ives 1986: 26, Richardson/Reynolds 2000: 35,
Horstmann 2004: 3, ICIMOD 2011: 4). Dabei entleerte sich das Becken anfangs mit
einem Abfluss von min 2000 m³/s und über die folgenden 4 h mit durchschnittlich
500 m³/s (Ives 1986: 27, Richardson/Reynolds 2000: 36). Neuere Modelle ergaben
einen anfänglichen Spitzenabfluss von 5610 m³/s (Bajrachrya et al. 2007: 342). Die
generierte Flutwelle soll nach Ives (1986: 27) im Bhote Koshi und selbst im Dudh
Koshi Tal noch 15 m Höhe erreicht haben.

Durch den GLOF wurden auf einer Strecke von bis zu 90 km flussabwärts 14 Brücken, diverse Wege, kultiviertes Land sowie ein kleines Wasserkraftwerk zerstört
(Richardson/Reynolds 2000: 35, ICIMOD 2011: 4). Insgesamt betrug der entstandene Schaden über 3 Mio. US-Dollar. Alleine der Schaden am Kraftwerk betrug

1,5 Mio. US-Dollar (Mool et al. 2001: 134, Horstmann 2004: 3, ICIMOD 2011: 4). Weil ein Sherpa-Festival stattfand und sich deshalb nur wenige Menschen auf den Wegen befanden, kamen nur 5 Menschen ums Leben (Richardson/Reynolds 2000: 36, Horstmann 2004: 3).

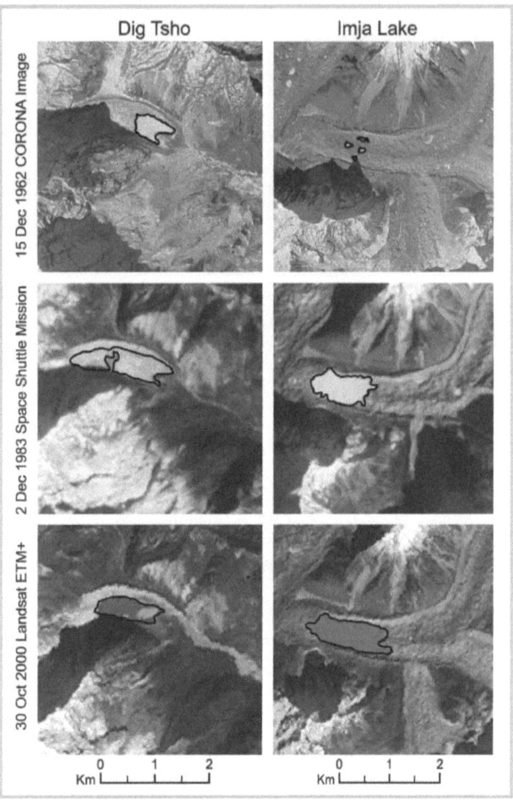

Abb. 7: Entwicklung der Gletscherseen Dig Tsho und Imja Tsho seit 1962 (Quelle: Bajracharya et al. 2007: 338).

Um an diesem Beispiel den Ablauf eines GLOF besser darzustellen modellierten Bajracharya et al. (2007) das Dig Tsho Ereignis und nutzen die daraus resultierenden Daten im Vergleich mit den damaligen Beobachtungen (Abb. 8D), um damit weitere Modelle (z.B. für den Imja Tsho) zu konstruieren und zu validieren. Die Resultate sind in Abbildung 8 A-D dargestellt.

Daraus lässt sich für Dig Tsho erkennen, dass der Spitzenabfluss an der Ausbruchsstelle mit 5610 m³/s (Bajracharya et al. 2007: 342) anfangs größer war, als
zunächst in früheren Studien angenommen; so wie die von Ives (1986: 27) angenommenen 2000 m³/s, die von Vuichard und Zimmermann (1987 zit. in Cenderel-
li/Wohl 2001: 62) angenommenen 1600 m³/s und ebenso der von Cenderelli und
Wohl (2001: 88) modellierten 2350 m³/s (s. a. Abb. 8A).

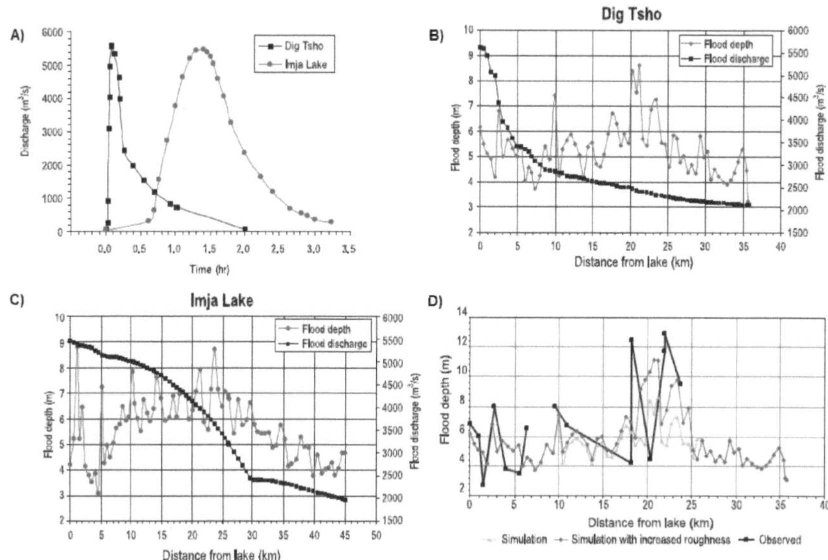

**Abb. 8: Simulierte Abflussganglinien von GLOF ausgehend von Dig Tsho und Imja Tsho
(A,B,C) sowie Vergleich von beobachteter Flutwelle und Modell, ausgelöst durch den Dig Tsho-
GLOF (D) (verändert nach Bajracharya et al. 2007: 339 f.).**

Für Dig Tsho sind Daten aus der Beobachtung des GLOF für eine Strecke von 24 km
ab der Ausbruchstelle vorhanden (Bajracharya et al. 2007: 340). Abbildung 8D ver-
gleicht die Höhe der modellierten Flutwelle mit der Beobachteten. Es lässt sich erkennen, dass beide Werte nahe bei einander liegen. Ausgehend von diesem Ergeb-
nis sind die neueren, modellierten Werte wahrscheinlicher als die früheren und
verglichen mit den zuvor genannten Annahmen nicht überschätzt (ebd.)
Von diesen Untersuchungen ausgehend, wird nicht nur deutlich wie groß die Gefahr
ist, die von instabilen Gletscherseen ausgeht, sondern dass auch kleinere Seen als
potentiell gefährlich gelten können. Das Ereignis am Dig Tsho und seine Folgen war

Grund, die Untersuchungen bzw. Forschungen im Bereich von GLOF zu intensivie-
ren (Richardson/Reynolds 2000: 36, ICIMOD 2011: 4).

4.3 Imja Tsho: ein potentiell gefährlicher See in der Sagarmatha Region

Imja Tsho befindet sich am Fuß des Imja Gletschers im Osten der Region Sagar-
matha (Abb. 6) (Bajracharya et al. 2007: 338). Der Gletschersee wird neben dem
Imja Gletscher auch von den Gletschern Lhotse Shar und Ambulapcha gespeist
(Abb. 6 u. 7). Im Gegensatz zu Dig Tsho existierte Imja Tsho in den frühen 1960er
Jahren noch nicht (ebd.). In Abbildung 4 wird dies anhand des CORONA-
Satellitenbildes von 1962 deutlich. Zu dieser Zeit befanden sich lediglich kleiner sup-
raglaziale Seen im Bereich des heutigen Sees (ebd.).

In der Folgezeit wuchs der See rasch an und erreichte 1975 eine Fläche von 0,3 km².
1983 erreichte er eine Fläche von 0,56 km², 1989 0,63 km² und 2000 0,77 km². Sowohl eine Begehung als auch Fernerkundungsdaten, jeweils aus dem Jahre 2001,
ergaben eine Fläche von 0,83 km² bzw. 0,82 km² (ebd.). Die Tiefe des Sees wird mit
Tiefen zwischen min. 41 und max. 90 m beziffert; das Volumen wird auf etwa
35,8 x 10^6 m³ geschätzt (ebd.).

Im Norden und Süden wird der See von Seiten- und im Westen durch eine Endmoräne eingedämmt. Nach Watanabe et al. (1994, 1995 zit. in Bajracharya et al. 2007:
338) befindet sich in der ca. 600 m breiten Endmoräne ein Toteiskern, der teilweise
unbedeckt ist und schnell schmilzt. Der Ablauf des Sees befindet sich im Bereich des
Toteises. Hier zeichnen sich neue kleinere wassergefüllte Becken ab sowie eine
Vergrößerung des Ablaufs. Verbunden mit der Oberflächenvergrößerung des Sees
könnte dies ein möglicher Auslöser für einen GLOF sein (ebd.), wodurch dieser See
als gefährlich einzustufen ist.

Anhand der Untersuchungen von Bajracharya et al. (2007) und deren Vergleich mit
dem Dig Tsho GLOF 1985, wurde ein GLOF für den Imja Tsho simuliert. Wie dabei
aus Abbildung 8C ersichtlich wird, bildet der für einen möglichen GLOF modellierte
Hydrograph eine konvexe Kurve (Bajracharya et al. 2007: 340). Daran lässt sich erkennen, dass die Flutwelle über eine weitere Distanz einen hohen Pegel erreicht,
was aus der Morphologie der Täler resultiert (ebd.).

Die Ergebnisse der Simulation ergaben die Ausdehnung der Überflutung und die
betroffenen Siedlungen (Abb. 9).

Abb. 9: überflutungskarte des simulierten Imja Tsho Ausbruchs (Quelle: Bajracharya et al. 2007: 341)

16

Ferner wurde das mögliche Schadensbild beschrieben, dass ein GLOF dort hervorrufen würde. Über die möglichen Schäden und die Entfernung von der Ausbruchsstelle informiert Tabelle 3. Anzumerken ist, dass viele der aufgeführten Dörfer Ackerflächen an den Flussufern bewirtschaften und viele Wege durch die Flussauen führen. 5,8 km des Wegenetz sind stark gefährdet (Bajracharya et al. 2007: 344).

Tab. 3: Schadensbilder in ausgewählten Siedlungen entlang des Dudh Koshi, die von einem Imja Tsho GLOF gefährdet wären (verändert nach Bajracharya et al. 2007: 343).

Siedlung	Schadensbild
Dhusum	Gesamtes Dorf überflutet
Dinboche	Teile der Ackerflächen und Häuser betroffen
Jorsalle	Starke gefährdung der Siedlung und Ackerflächen nahe des Flusses
Phakding	Ackerflächen entlang des Flusses betroffen bis stark gefährdet
Ghat	Einige Ackerflächen und Wege betroffen
Nakchung	Einige Ackerflächen und Wege betroffen

4.4 Tsho Rolpa: der größte Gletschersee Nepals – ein Beispiel für Risikomanagement

Als gefährlichster Gletschersee Nepals und gleichzeitig als der am besten Erforschte gilt Tsho Rolpa. Er befindet sich im Rolwaling Himal (bzw. Rolwaling Valley im Dolakha District) am Fuße des Tradkarding-Gletschers in 4580 m a.s.l. (Mool et al. 2001: 146, Horstmann 2004: 3)

Tsho Rolpa ist der größte Gletschersee Nepals mit einer aktuellen Flächenausdehnung von ca. 1,5 km² bei einer Länge von 3,3 km und einer Breite von 0,5 km (Horstmann 2004: 3). Bemerkenswert ist, dass der See seit Ende der 1950er Jahre durch die Ablation des Gletschers von 0,23 km² um das sechsfache auf die heutige Größe angewachsen ist (Abb. 10). Die durchschnittliche Tiefe des Sees wird mit 55 m beziffert; die tiefste Stelle mit 132 m (ebd.). Das Gesamtvolumen des Sees umfasst 100×10^6 m³ Wasser. Bei einem GLOF würden Schätzungen nach 30×10^6 m³ Wasser freigesetzt werden (Rana et al. 2000, zit. in Horstmann 2004: 3).

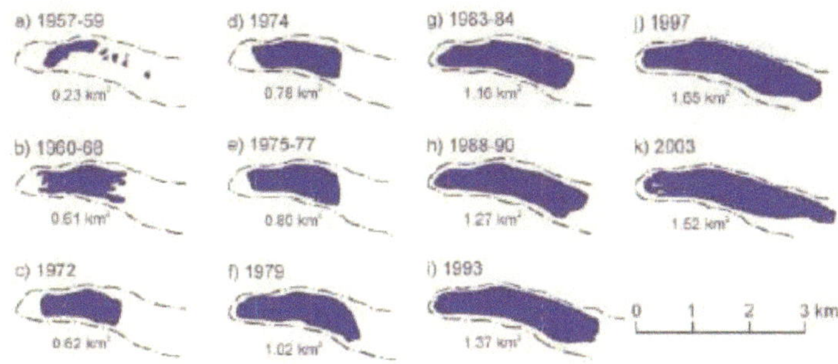

Abb. 10: Entwicklung des Tsho Rolpa seit Ende der 1950er Jahre (verändert nach Horstmann 2004: 4)

Die Wassermassen werden durch einen Endmoränendamm mit darin eingelagertem Toteis (Abb. 11), das diesen stabilisiert, angestaut (Horstmann 2004: 4).

Ein GLOF ausgehend von diesem See würde Schäden in bis zu 108 km Entfernung verursachen. Dabei wären „[...] 10000 Menschen, tausende von Viehbeständen, landwirtschaftliche Nutzflächen, Brücken und andere Infrastrukturobjekte [...]" (Mool o.J., zit. in Horstmann 2004: 3) bedroht. Weiter wäre durch einen GLOF ähnlich wie beim Dig Tsho GLOF ein großes Wasserkraftwerkprojekt betroffen. Die Zerstörung des Khimti Wasserkraftwerk (mit 60 MW Leistung) hätte nicht nur den Verlust der Energieversorgung als Folge, sondern auch Wiederaufbaukosten von 22 Millionen US-Dollar (ebd.).

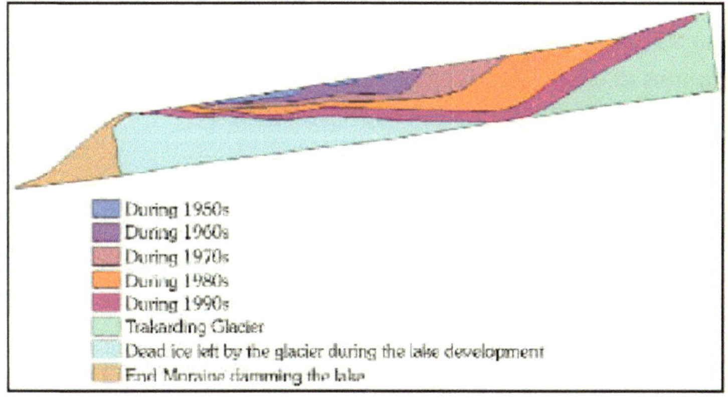

Abb. 11: Aufbau des Endmoränendammes mit Lage des Toteises und Ausdehnung des Tsho Rolpa (Quelle: Mool et al. 2001: 152)

Um dem vorzubeugen wurde hier 1998 das erste Flutfrühwarnsystem errichtet (Mool et al. 2001: 13), um eine Warnung der flussabwärts lebenden Bevölkerung zu ermöglichen. Weiter wurde im Jahr 2000 ein Kanal angelegt (Abb. 12), der eine Entwässerung bzw. Regulierung des Sees ermöglicht (Mool et al. 2001: 13, Horstmann 2004: 4).

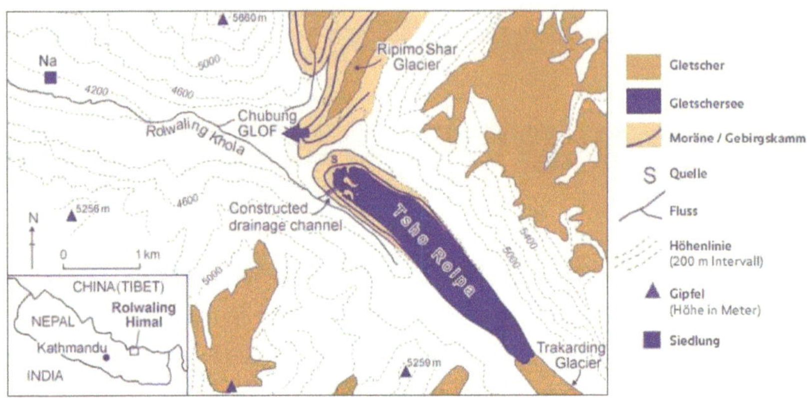

Abb. 12: Übersichtskarte des Tsho Rolpa und des Rolwaling Himal (Quelle: Richardson 2004, zit. in Horstmann 2004: 4)

Durch die so erreichte Absenkung des Pegels um 3 m, geht Rana (2000, zit. in Horstmann 2004: 4) von einer um etwa 20% geringeren Ausbruchswahrscheinlichkeit aus. Dennoch erregt das Abschmelzen des eingelagerten Eises weiterhin Besorgnis, da hierdurch die Stabilität des Dammes weiterhin abnimmt und ein Ausbruch so immer noch möglich ist. Erst durch eine Absenkung des Wasserspiegels um 17 m würde ein GLOF dauerhaft verhindert werden (Horstmann 2004: 4).

5 Ausblick – der globale Wandel und seine Auswirkungen auf die GLOF-Problematik

Da die Genese von Gletscherseen und damit die Gefahr von GLOF direkt mit dem Abschmelzen von Gletschern verbunden sind, spielt der Klimawandel eine wichtige Rolle bei der zukünftigen Entwicklung dieser Naturgefahr.

Auch im Himalaya zeigt sich, dass der Anstieg der Temperatur mit einem Rückzug der Gletscher einhergeht. Damit bilden sich zwangsläufig auch immer mehr Gletscherseen. Das Risiko für GLOF steigt somit (Bajracharya et al. 2006: 231 f.).

Für den nepalesischen Himalaya gilt, dass der Gletscherrückzug zwischen 1994 und 1998 dramatisch zunahm (ebd.: 236), wobei auf Grund der großen Anzahl an Gletschern und der misslichen finanziellen Lage in Nepal eine genaue Studie der Gletscheraktivität erschwert wurde (Bajracharya et al. 2006: 236, Titz 2011: 58).

Seit den letzten 30 Jahren wird im nepalesischen Himalaya eine Verkleinerung des Eisvolumens um etwa 5,5% beobachtet (Bajracharya et al. 2006: 241). So gilt für die Gletscher im Tamor River Basin ein Rückgang der Gletscherfläche um 5,88% zwischen 1970 und 2000 oder 0,2% Verlust der Fläche pro Jahr (ebd: 236). Untersuchungen in den verschiedenen Teilgebieten bzw. Staaten - wie China, Indien und Bhutan – kommen auf ähnliche Ergebnisse (ebd.: 241). Kleinere Gletscher und Gletscher in Tälern schmelzen dabei besonders schnell ab (ebd.).

Die meisten Gletscherseen entstanden in den letzten 50 Jahren (ebd.: 237) und in den letzten 30 Jahren des Gletscherrückgangs wuchsen 65 Gletscherseen in Fläche und Volumen; 15 davon entstanden neu (ebd.: 236).

Ebenso stieg die Anzahl der GLOF-Events seit den 1960er Jahren stark an wie eine Auswertung der beobachteten Ereignisse (Abb. 13) erkennen lässt. (Richardson/Reynolds 2000: 36).

Für die zuvor betrachteten Seen Imja Tsho und Tsho Rolpa gilt, dass sie sich pro Jahr um 41 m bzw. 66 m im Durchmesser vergrößern was der jeweiligen Rate des Gletscherrückzuges der tributären Gletscher entspricht (Bajracharya et al. 2006: 236).

IPCC-Prognosen (IPCC 2001, zit. in Bajracharya et al. 2006: 232) nach, wird die globale Temperatur im 21. Jahrhundert in einer Spanne von 1,4 bis 5,8°C steigen. Für den indischen Subkontinent wird sogar von einem Temperaturanstieg von 3,5 bis 5,8°C ausgegangen (Lal 2002, zit. in Bajracharya et al. 2006: 232).

Es wird beispielsweise für den chinesischen Himalaya davon ausgegangen, dass bis 2050 2/3 der Gletscher verschwunden sein werden; bis 2100 wird der Verlust annähernd aller Gletscher vermutet (Bajracharya et al. 2006: 232).

Die Tatsache, dass die Entstehung und Vergrößerung der Gletscherseen proportional zur Ablation der Gletscher ist – vor dem Hintergrund des Klimawandels –

lässt demnach auch eine zunehmende Häufung der Gefahr von GLOF-Ereignissen vermuten.

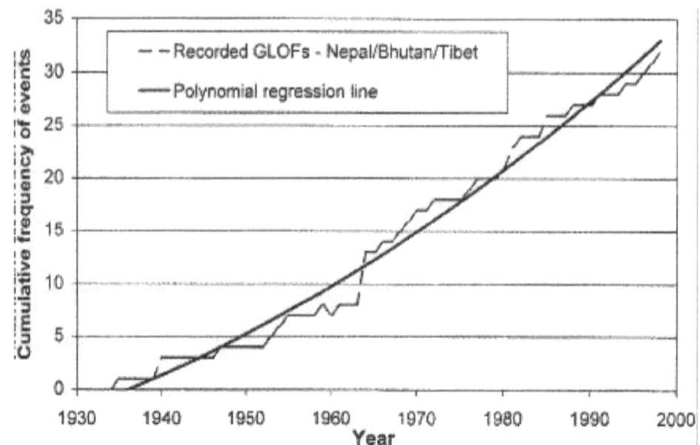

Abb. 13: Kumulierte Häufigkeit beobachteter GLOF in Central Asien (Quelle: Richardson/Reynolds 2000: 36).

6 Fazit

Glacier Lake Outburst Floods stellen eine Hauptnaturgefahr im Himalaya dar. Weißt der Himalaya die größte Vergletscherung außerhalb der Pole auf entstehen hier immer neue Gefahrstellen durch Gletscherseen und GLOF – denn: bedingt durch den Rückzug der Gletscher entstehen immer mehr Gletscherseen; bestehende Seen vergrößern sich durch das fortwährende Abschmelzen der Gletscher und das somit freiwerdende Schmelzwasser, welches sich an freigelegten Endmoränendämmen oder hinter Gletscherzungen sammelt oder anstaut.

Durch verschiedene Prozesse, wie zum Beispiel Tsunamis, ausgelöst durch in den See kalbende Gletscher oder Massenbewegungen an den Hängen sowie das Abschmelzen von Toteis, welches sich oftmals im Damm befinden kann und diesen stabilisiert, können Moränendämme zerstört werden.

Die dabei freigesetzten Wassermassen stürzen als eine stark sedimentführende Flutwelle in das unterliegende Tal. Dort sorgen sie durch Erosion aber auch Sedimentation für Zerstörungen z.B. an Infrastruktur und Ackerflächen und stellen schwerwiegende sozio-ökonomische Impakte dar.

Diesen plötzlich auftretenden Ereignissen fallen durch die sehr kurze Vorwarnzeit und den Mangel an Frühwarnsystemen auch regelmäßig Menschen zu Opfer – so wie die GLOF-Ereignisse nach den Ausbrüchen der Seen Dig Tsho oder Nare in der hier betrachteten Beispielregion Nepal gezeigt haben.

Der globale Klimawandel trägt durch die damit einhergehende Erwärmung zum weiteren und beschleunigtem Abschmelzen der Gletscher bei. Dadurch entstehen immer neue Gletscherseen; bereits bestehende Seen werden durch das ständig und zukünftig vermehrt zufließende Schmelz- und Niederschlagswasser vergrößert. Sodass GLOF-Events in Zukunft, wie bereits die Beobachtungen der letzten Jahrzehnte vermuten lassen, immer häufiger werden und sich gegebenenfalls durch größere Wassermassen in ihrem Gefahrenpotential steigern werden.

Daher gilt es solche potentiell gefährliche Seen zu erkennen und zu erkunden, um Gegenmaßnahmen wie sie beispielsweise am Tsho Rolpa durchgeführt wurden und werden, einleiten zu können.

7 Literaturverzeichnis

Bajracharya, B./Shrestna, A. B./Rajbhandari, L. (2007): Glacial Lake Outburst Floods in the Sagarmatha Region – Hazard Assessment Using GIS and Hydrodynamic Modelling. In: Mountain Research and Development, Vol. 27 Nov. 2007, 336 – 334.

Bajracharya, S.R./Mool, P.K./Shrestna, B.R. (2006): The impact of global warming on the glaciers of the Himalaya. International symposium on Geo-disasters, infrastructure management and protection of world heritage sites, 25-26. Nov. 2006, Nepal Engineering College, Ehime College and National Society for Earthquake Technology Nepal, proceedings, 231 – 242.
< http://www.mtnforum.org/sites/default/files/pub/863.pdf > abger. am 15.03.2012

Cenderelli, D. A./Wohl, E. E. (2001): Peak discharge estimates of glacial-lake outburst floods and „normal" climatic floods in the Mount Everest region, Nepal. In: Geomorphology 40 (2001), 57 – 90.

Horstmann, B. (2004): Gletschersee-Ausbrüche in Nepal und der Schweiz – Neue Gefahren durch den Klimawandel. Germanwatch.
< http://www.germanwatch.org/download/klak/fb-gl-d.pdf > abger. am 15.03.2012

ICIMOD (2011): Glacial lakes and glacial lake outburst floods in Nepal. Kathmandu: ICIMOD.

Ives, J.D. (1986): Glacial Lake Outburst Floods and Risk Engineering in the Himalaya. ICIMOD Occasional Paper 5.

Korup, O./Tweed, F. (2007): Ice, moraine, and landslide dams in mountainous terrain. In: Quarternary Science Reviews 26 (2007), 3406 – 3422.

Mool, P.K./Bajracharya, S.R./Joshi, S. P. (2001): Inventory of Glaciers, Glacial Lakes
and Glacial Lake Outburst Floods - Monitoring and Early Warning Systems in
the Hindu Kush-Himalayan Region - Nepal. Kathmandu: International Centre for
Integrated Mountain Development.

Richardson, S.D./Reynolds, J.M. (2000): An overview of glacial hazards in the Himalayas. In: Quarternary International 65/66 (2000), 31 – 47.

Titz, A. (2011): Naturgefahren und Naturgefahrenmanagement in Nepal. In Geogra-
phische Rundschau 1/2011, 58 – 60.